地平线上的月亮双像

I0105633

Peter D. Geldart
RASC 成员

Google Translate 由谷歌翻译翻译自英文

地平线上的月亮双像
Peter D. Geldart
RASC 成员
geldartp@gmail.com

Google Translate 由谷歌翻译翻译自英文

约 3,600 字（English）
32 页
4 英寸 x 6 英寸

部分内容首次发表于月球与行星观测者协会期刊《漫步天文学家》（2025 年），第 67 卷，第 2 期，第 73 页。

2025

Petra Books
MBO Coworking
78 George Street, Suite 204
Ottawa ON K1N 5W1 Canada

封面：这组照片展现了 2013 年 1 月一个傍晚，缅因州伊丽莎白角双灯州立公园上空扭曲而炽热的月光，展现了月亮升起时的倒影。摄影师：约翰•斯泰森。摘要作者：约翰•斯泰森；吉姆•福斯特。Photographer: John Stetson. Summary by: John Stetson; Jim Foster.

Essay first published, in part, in *The Strolling Astronomer*, V. 67, no. 2, p 73, 2025, journal of The Association of Lunar and Planetary Observers.

抽象的

本文探讨了月落/日出时地平线上出现下视影像的成因。研究人员观测到水面上的月落，并在其下方呈现出一个重复的影像。由于其形状，这种影像被称为伊特鲁里亚花瓶效应或欧米茄效应。折射模型表明，来自地平线外几何形状月亮的光线会穿过不同温度和密度的空气层，最终弯曲到达观察者。然而，这不足以解释下视影像的出现，因为下视影像清晰可见，并非海市蜃楼。作者探讨了折射、反射或引力对其形成的影响程度。

编者注：研究这一现象时，观察月球比观察太阳更为合适，因为可以看到更多细节，而且由于月球轨道向东，其下降速度也略慢；观察太阳时必须小心谨慎并采取适当的滤光措施，否则可能会造成永久性眼损伤。

Geldart

　　当站在广阔的水边或平地边缘时，距离地平线约 5 公里[1]．恒星和行星在地平线处的清晰度会降低，而且由于光线在地平线以上被折射，它们看起来会比实际位置更高。月亮或太阳也会出现这种情况，它们看起来会更扁平，并且色偏向长波（橙红色），这是因为与在天顶或中等高度时相比，当光线穿过更多大气层时，短波会被散射。通常情况下，如果在广阔的水面上天气晴朗，并且观测点靠近水面，那么当月亮或太阳接近地平线时，一个清晰而清晰的边缘会像下方的倒影一样升起，图像就会融合在一起。我描述了我的观察结果，并提出大气折射本身不足以解释这一现象。

---

1 关于距离到地平线计算的众多参考文献之一是
Matthew Conroy 的文章。
https://sites.math.washington.edu/~conroy/m120-general/horizon.pdf

Geldart

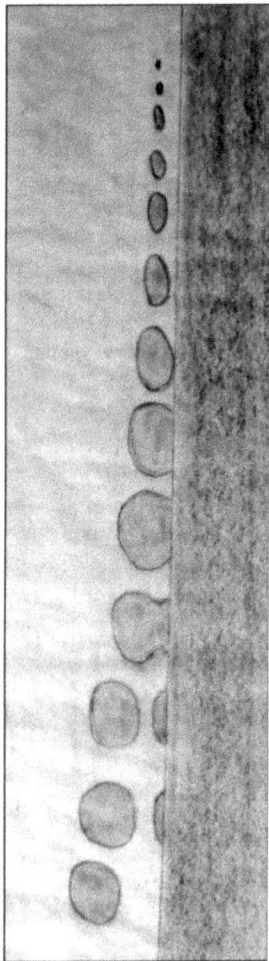

图1. 一轮凸月正缓缓降落在安大略湖上，下方图像逐渐升起。在下方图像中，可以看到相同的月海在两张图中垂直张延伸，而月盘则在地平线以上逐渐缩小至零。2021年9月19日凌晨5点（当地时间），从加拿大安大略省爱德华王子县向西南方向望去，眼睛（坐着）的高度距离水面约1米。这是作者用双筒望远镜观测后久合成的时间序列（运动是垂直的，而不是水平的）。

4

观察

我曾多次观察到一轮凸月落于大湖之上——这非常适合观察地平线，因为湖面上没有像海洋上那样明显的涌浪。这让我能够观察到一个从下方升起的复制图像。这个复制的"月亮"与上方的月亮有着相似的尺寸和颜色，并且以与月亮下落相同的速度上升（从我所在的北纬44°来看，大约是两分钟内月亮的宽度）。下方的图像[2]是真实几何月亮在地平线外的倒置下边缘。这可以通过月亮底部的月海与下方边缘的月海相同来证明。如果我以坐姿观察，其视线距离水面约1米，瞬间，两个图像就会融合，然后椭圆形会缩小，并在地平线上方约5弧分的线上"消失"（图1）。

如果以站立姿势观察，视线距离水面约2米，也可能看到一个较差的图像，但角度不够低，无法看到升高的幻影地平线（尽管两个图像首次相遇的地方仍然有一条折线）。

---

2 短语"下像"是指"上像"下方的图像，在这种情况下，上像就是地平线上方的整个月亮。

合并后的形状下降到地平线以下（图 2）。在之前的案例中，视线高度约为 1 米（当时地平线距离约为 4 公里1 – 图 1），合并后的形状在幻影地平线上后退至零，这是其他稍高一些的观察者无法看到的景象。

附录列出了其他人从互联网上检索到的观测结果，这些观测结果要么显示这种影响，要么没有显示这种影响。我没有发现陆地上的情况，但没有证据并不代表没有这种影响。陆地上没有这种影响可能是因为，在陆地上观察时，即使在非常平坦的陆地上，距离地平线 5 公里处的表面不规则性的高度也足以遮蔽最初几米的大气层，而透过大气层可以看到 产生劣质图像的光必须通过.[3]

然而，在平静、广阔的水面上观看时，由于水面不规则性较小（例如波浪），因此可以看到这种效果。然而，有时在水面上看不到这种效果，要么是因为波浪太大，要么是因为视角太高。

---

3 Young, A. T. （2005）。下蜃景：一种改进的模型，《应用光学》，第54卷，第4期，第B173页。"地面上最细微的不平整都会对下蜃景产生非常明显的影响，因为它会拦截最低的轨迹……"，引自J. B. Biot的《关于地平线附近奇异折射的研究》。Ganery，1810年。https://pubmed.ncbi.nlm.nih.gov/25967823

图2. 这幅合成图描绘了安大略湖地平线上一轮正在下沉的月亮和一幅正在升起的复影。照片拍摄于2019年9月10日凌晨3点（当地时间），从加拿大安大略省爱德华王子县向西南方向，视线（站立）距离水面约2米。（作者用双筒望远镜观测后不久绘制的草图）

什么是折射？

随着海拔高度向地球表面下降，大气由于自身重量产生的压力而变得越来越稠密（温度也会对密度产生反比影响）。当天文光以一定角度进入不同密度的空气层时，其方向和速度会发生变化。根据斯涅尔定律 [4] 当光进入较冷、密度较大的空气时，它会减慢速度并向垂直于空气层边界的方向弯曲；而当光进入较暖、较稀薄的空气时，它会移动得更快并向外弯曲。在这种情况下，光发生了折射。

当您的视线朝向地平线时，天文光会穿过更多的大气层，并以比来自天顶时更平坦的角度接近空气层，折射效果会增强（图 3）。

---

4 威勒布罗德·斯内利厄斯 Willebrord Snellius （1580-1626），荷兰天文学家，其光学研究成果受到古代哲学家的启发，并影响了笛卡尔、费马、惠更斯、麦克斯韦等人。斯内尔定律定义了光穿过不同介质时入射角与折射角之间的关系。https://en.wikipedia.org/wiki/Snell's_law

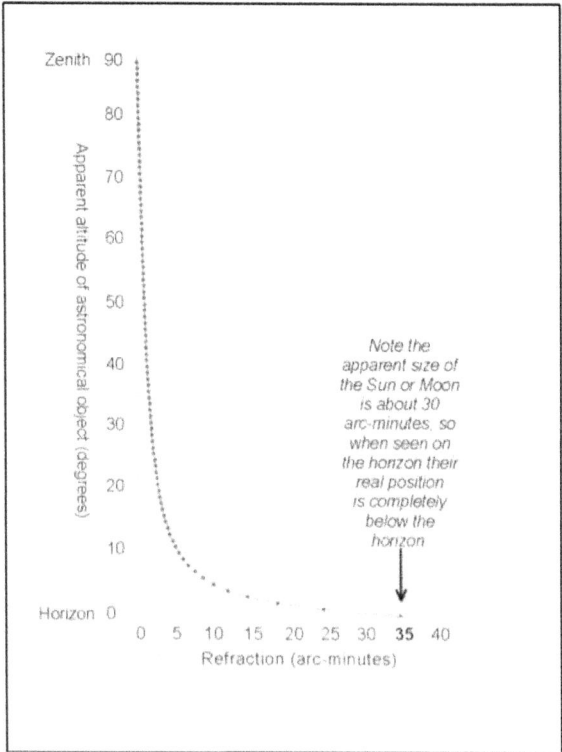

图3. 折射随海拔降低而增加的图表，基于Bennett（1982年）的研究（
https://en.wikipedia.org/wiki/Atmospheric_refraction）
和 McNish（2007年）的研究（
https://calgary.rasc.ca/horizon.htm）。大气压和密度的
曲线相似。作者绘制的图表。

Geldart

Note[5]

　　然而，月亮或太阳在地平线上的下像现象不同于闪烁的海市蜃楼，后者取决于不同温度空气层的局部排列（通常是冷空气覆盖暖空气，因为地球表面会加热邻近的空气；或者相反，暖空气覆盖冷空气的逆温）。另一方面，来自天文距离的光会穿过整个大气层，并由于密度随海拔降低而增加而向地表弯曲，正如Simanek所描述的：

---

5 "恒星光在天顶的大气折射为零，在 45° 视高度时小于 1′（一弧分），在 10° 高度时也只有 5.3′；随着高度的降低（和密度的增加），大气折射迅速增加，在 5° 高度时达到 9.9′，在 2° 高度时达到 18.4′，在地平线时达到 35.4′"

https://en.wikipedia.org/wiki/Atmospheric_refraction

Simanek（2021）：

"大气层就像一个巨大的透镜，包裹着地球。这使我们能够看到地球曲线的'周围'。这种折射的原因是大气密度随高度[增加]而降低……[并且]是持续存在的。它不应与由于地面附近温度逆温引起的局部和暂时的光学现象混淆。"
https://dsimanek.vialattea.net/flat/round-spin.htm

以及

McLinden（1999）：

"当光穿过地球大气层，从密度较低的空气传播到密度较高的空气时，根据斯涅尔定律，光的传播路径将向地表弯曲。"

https://www.nlc-bnc.ca/
obj/s4/f2/dsk2/tape15/PQDD_0025/NQ33542.pdf#page=90（第 71 页）

地平线上的月亮和太阳是一个特殊情况，因为巧合的是，从地球上看，它们的圆盘看起来大小相同（约 30 角分）[6]，正如日食期间所见。巧合的是，我们大气层在地表附近的密度使其折射率约为35角分。因此，地平线上30角分的图像一定是从地平线以外折射而来的：当你看到月亮在高空中等高度时，那是它的真实位置，但当它接近地平线时，会发生非常缓慢的位移，直到在地平线上，你看到的图像完全是由地平线以下实际的几何月亮折射而来的。[7]

---

[6] 地球绕太阳（直径140万公里）公转的平均距离约为1.5亿公里；月球（直径3400公里）绕地球公转的平均距离约为38.4万公里。这些数字意味着，从地球上看，月球和太阳的圆盘大小似乎大致相同。

[7] 关于折射的众多演示文稿之一是 https://britastro.org/node/17066 （英国天文学协会）。(British Astronomical Association).

下面的图像

对于下方图像的出现，有三种不同的解释。

（1）地平线上的折射。

可以合理地说，地平线上方月亮的图像是由于大气密度随海拔下降而增加，导致地平线以外的实际几何月亮的光线发生折射而产生的。然后，由于看不见的月亮相对于地平线进一步向西移动（尽管两者都在向东移动）[8]，来自其下缘（图4中的B ->）的光线非常接近海面，并被反转，看起来像是从地平线上升起的（虚线）。下缘之所以上升，是因为它与相对于地平线"下行"的视月亮的运动方向相反。

折射模型可以解释上方的视月亮，但在解释下月图像方面存在不足。

---

[8] "月出"和"月落"这两个词只是比喻。地球以大约1700公里/小时（赤道方向）的速度向东自转，需要一天完成一次公转；月球以大约3600公里/小时（相对于地球）的速度向东绕地球运行，从我们中纬度地区看，月球在背景恒星的映衬下，两分钟内移动了大约其宽度（30弧分），完成一次公转需要一个月。最终的结果是，月球每天向东的移动速度比地球落后大约50分钟，而且看起来只是朝着相反的方向移动：东方升起，西方落下。换句话说，地球的地平线正在追赶并超过月球的图像。

光线穿过海面附近不同温度的空气层会像海市蜃楼一样闪烁，但下月图像清晰而稳定。下月图像在地平线和与下降的月亮交汇的折线之间没有发生扭曲，因此在地平线处达到最大值的折射似乎没有发挥作用。此外，如果在晴朗天气下始终从低处有利位置在广阔的水面上看到下月图像，则其效果将与观察者附近和地平线的温度层无关，因为温度层会随着时间和地点的不同而变化。

（2）地平线以外水面的反射。

关于下视影像升起原因的假设（因为它的行为与下行月球的倒影完全相同）可以通过在晴朗天气下对不同水域（这些水域在地平线以上不同距离到达陆地）上落下的月亮进行单独观测来验证。如果地平线以上一定距离（例如10公里）的陆地阻碍了下视影像的出现（需要进行大量观测才能验证这一点），那么该距离的水是必要的。这意味着，当下视影像出现在开阔水面上时，几何月亮发出的光线会在该距离地平线以外的水面上反射，而不同温度的空气层的存在与此无关。想象一下，图1中影像交汇并消失的幻影地平线，是远处水面因折射而升高的景象。

人们还想测试平坦陆地上的情况，在平坦陆地之外和地平线以外都有大片水域：如果出现这种现象，则支持反射，因为当仅在陆地上观察时，大概不会出现这种现象。然而，这种反射理论总体上值得质疑，因为水面上的反射图像会闪烁不清且模糊不清——而下方的图像始终清晰可见。当然，任何在陆地（无水）上观察这种效应的行为都会排除反射的可能性，从而推翻这一理论。

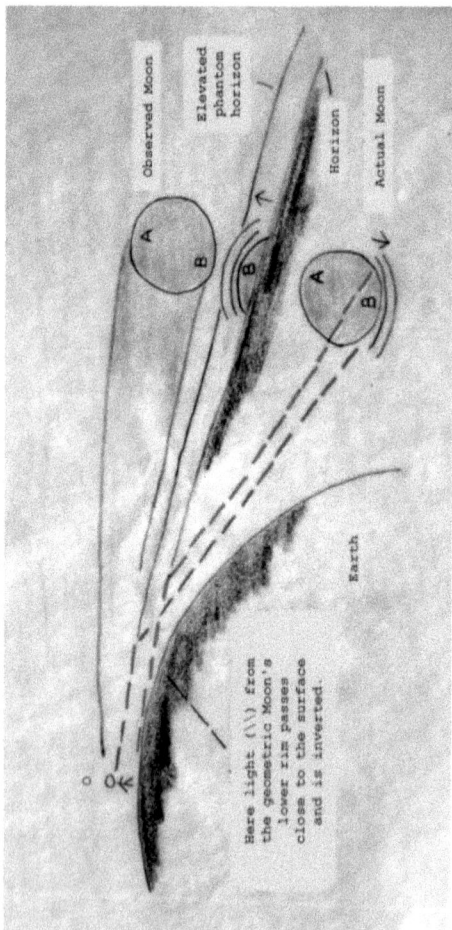

图4. 正在下沉的月亮。地平线外实际几何月亮的光线（下图）形成了观测到的月亮（上图）以及倒置上升的下缘。未按比例绘制。（作者草图）

（3）地球引力井。

来自月球的光必须遵循地球时空的曲线，该曲线从月球远处延伸到地球中心——更不用说月球本身的引力井了，它被卷入其中，至少延伸到地球的远端，正如海洋潮汐所证明的那样。地球的引力值非常小。[9, 10] 但这里的假设是，光线在非常靠近地表的地方会受到更大的影响，会随着地表弯曲并反转，就像从同样靠近地表的观察者的角度来看那样（图4）。

可以设计哪些测试来支持这一假设？

我们可以研究恒星的位置，恒星可以是不同时间的不同恒星，只要它们位于靠近地平线的同一低海拔地区即可。当然会有大气干扰，但目的

9　"在地球表面，［"空间和时间曲率"］的强度为Gm/rc^2……~10-9[0.000 000 001]。这个微小的数值就是弯曲角度（以弧度为单位）。" Sanjoy Mahajan，　麻省理工学院电气工程与计算机科学系。
https://web.mit.edu/6.055/old/S2009/notes/bending-of-light.pdf#page=6（第116页）。

10　太阳的质量约为地球的30万倍，因此时空曲率要大得多。英国科学家爱丁顿曾致力于证明爱因斯坦关于光在大质量恒星周围弯曲的假说。1919年，他的团队前往两个热带地区观测日食。他们发现，与黑暗夜空中相比，毕宿星团中靠近太阳边缘的恒星位置发生了偏转。
ctc.cam.ac.uk/news/190722_newsitem.php

是测量由于地球引力井造成的任何位移。在实践中，这意味着从靠近地表的平坦地形观察不同季节和不同纬度（赤道、北极圈等）恒星的位置，以获得冷空气位于暖空气上方和反之亦然的各种情况。另一个因素是大气的整体温度变化，它会影响对流层的深度，对流层从地面开始逐渐增厚，在两极（冷空气）处可达约7公里，在赤道（暖空气）处可达15公里。观测到的恒星位置将与已知的计算位置进行比较，计算结果会考虑小时、时间和纬度，同时忽略折射。

假设一颗恒星位于选定的高度，非常接近地平线，例如在冬季北极地区，然后是任何其他恒星位于热带地区相同高度的位置。如果在两种情况下，恒星的观测位置与计算位置的变化程度相同，那么不同温度的空气层的影响与额外的位移无关。同样可以排除折射的原因：由于密度随高度降低而增加，光线穿过大气层向地球表面弯曲，因为在北极和赤道条件下，密度随高度的变化会有所不同，这会对来自地平线以上的光线产生不同的影响。因此，如果我们所研究的恒星的位置在两种情况下都发生了相同程度的改变，那么改变的位置就一定是由于大气温度或密度变化（递减率）以外的其他因素造成的，而这个因素可能是光沿着地球引力井的曲线行进。

结论

我之前提到过月亮或太阳在西方落下，但这同样适用于这些从东方升起的天体。

需要明确的是，在天顶和中等高度看到的天体不会因大气密度随高度下降而增加而发生折射，因为密度增加得非常快（从20公里高度的接近零到海平面的约1.2千克/立方米）。.[11] 然而，在低海拔和地平线附近看到的天文物体，例如月亮或太阳，会发生折射，并从地平线以外被带走（但不会倒置）。偶尔在地平线上看到的倒置的下视图像并非折射，因为它太窄，不会受到密度随海拔高度下降的影响。尽管如此，它仍然是从地平线以外带走的几何月亮边缘的图像。正是这个下视图像需要解释。

根据折射模型，人们会认为地平线上的图像会因光线穿过不同温度的空气层而闪烁，

11

en.wikipedia.org/wiki/International_Standard_Atmosphere

类似海市蜃楼，但这并不是下视图像的特征
。另一种引力假设允许下视图像：

（i）它比海市蜃楼更清晰、更稳定；（ii）
它在许多情况下都可出现，且不受当地温度
层的影响；（iii）即使该区域的折射率很高，
也不会在地平线处发生扭曲。该假设认为，
当从靠近水面的有利位置观察延伸水面上的
地平线时，观察者看到的光线来自几何月球
边缘，该边缘已接近水面，并因地球周围时
空的曲率而发生反转，与大气温度或密度无
关。由于这种现象只能从低处观察，即从水
平面俯瞰地平线，这也凸显了观察者视角的
重要性。

需要进行先前提到的实地考察来支持或驳
斥反射和引力假设，如果驳斥这些假设，则
有必要重新思考折射如何产生劣质图像。无
论是哪种解释（折射、反射、引力），基本
前提仍然成立：

　　(a) 对于任何高度的任何观察者来说，接近地平线的月球图像是由来自看不见的几何月球的光线通过大气层折射产生的，这是由于随着高度降低，密度增加而导致的；

　　(b) 对于靠近地面俯瞰广阔水面的观察者来说，他们也看到了折射的月球，但他们也可能看到一个上升（倒置）的下部图像，这是由来自几何月球边缘的光线产生的，该光线紧密遵循地球表面的曲率到达他们的位置。

附录

其他人对月亮或太阳升起或落下的观测。

带有劣势像效应

* 日食
Elias Chasiotis, 2019 年 12 月
卡塔尔
日出和月出时海面上出现的异常日食。
https://apod.nasa.gov/apod/ap191228.html

* 日落
George Kaplan, 1999 年 8 月
美国北卡罗来纳州
受保护的海洋（海浪和涌浪不那么明显）。A.T. Young 评述
https://aty.sdsu.edu/explain/simulations/inf-mir/Kaplan_photos.html

* 日出
Rob Bruner, 2009 年 11 月
墨西哥。*海洋之上*
https://epod.usra.edu/blog/2009/12/omega-sunrise.html

* 日出
Luis Argerich, 2011年9月
阿根廷。*海洋之上*
https://epod.usra.edu/blog/2011/11/omega-sunrise-from-buenos-aires.html

* 月出
John Stetson, 2013年1月
美国缅因州。*海洋之上*
https://epod.usra.edu/blog/2013/02/omega-moon-over-cape-elizabeth-maine.html

* 月落
Alex Berger，2012年10月
加拿大曼尼托巴省
即使有薄雾，依然能欣赏到哈德逊湾的宁静海洋。
https://flickr.com/photos/virtualwayfarer/8185226155

* 日落
Michael Myers，2002
美国北卡罗来纳州哈特拉斯角
帕姆利科海峡上空
https://atoptics.co.uk/atoptics/sunmir2.htm

无效果

* 月出
Alan Dyer，2020年9月
加拿大阿尔伯塔省大草原
平坦地面上的不规则结构遮挡了大气层下几米的区域，而那里本来可
以形成较差的图像。
https://vimeo.com/465032138

* 月落
Vladimir Scheglov，2018年4月
俄罗斯东北部积雪苔原
平坦地面上的不规则结构遮挡了大气层下几米的区域，而那里本来可
以形成较差的图像。
https://esplaobs.blogspot.com/2018/04/moon-and-wolf-taken-by-
vladimir.html

* 日落
XtU，2009年12月
水面上。作者也曾看到过水面上深橙色的日落，但没有效果。
https://en.wikipedia.org/wiki/File:Sunset_Time_Lapse_31-12-
2009.ogv

Geldart

注：本文档中的所有网址均已于2025年4月验证

Geldart

www.ingramcontent.com/pod-product-compliance
Lightning Source LLC
Chambersburg PA
CBHW052125030426

42335CB00025B/3124